LETTRES
SUR
L'AGRICULTURE
DU
BAS-LANGUEDOC.

Digne de louange eſt l'homme qui, poſſeſſeur légitime d'un beau domaine, paſſant plus outre, s'évertue non ſeulement à lui faire produire des fruits à l'accoutumée, mais, par ingénieuſe dextérité, contraint ſa terre, d'elle-même déſobéiſſante au labour & ſoin des hommes, à lui rapporter plus que de l'ordinaire : à quoi il y a de l'honneur.

OLIVIER DE SERRES, *liv.* I, *ch.* 8.

A NISMES,

Chez CASTOR BELLE, Imprimeur du Roi.

M. DCC. LXXXVII.

LETTRES SUR L'AGRICULTURE DU BAS-LANGUEDOC.

LETTRE PREMIÈRE.

JE vous félicite, mon cher ami, de votre goût pour l'habitation de la campagne, & du zèle que vous avez pour améliorer la culture. Les États rapprochent de nous les essais faits dans le voisinage de la Capitale ; ils viennent de publier un volume, rédigé avec soin par les Savans de Paris, qui ont suivi la culture du blé, & perfectionné l'art du Meunier.

Il est question de faire fructifier parmi nous les leçons de l'expérience sur la culture, d'exécuter ce qui a été imaginé pour conſerver les blés & les farines, & de profiter de la perfection portée dans la conſtruction des moulins, & dans la manière de réduire les grains en farine.

C'eſt le moment où la reconnoiſſance doit vaincre la ſéduction de l'habitude ; & quelle voix plus propre à faire taire le préjugé, que l'invitation des pères de la patrie à tenter les moyens de mieux faire, & à ſuivre l'indication de ces moyens, d'après une expérience certaine ?

Le patriotiſme que nous inſpire l'heureuſe conſtitution de notre adminiſtration, nous en fait un devoir, autant que notre intérêt perſonnel. La richeſſe du particulier n'eſt point étrangère à la choſe publique. Tous les membres de la Province, liés par des obligations communes envers la mère patrie, obligés à des dettes ſolidaires envers la nation, doivent conſidérer la multiplication des fruits dans la portion de terre qu'ils cultivent, comme de devoir étroit & auquel chacun doit porter tout le ſoin dont il eſt capable. C'eſt là ce qui élève ſi fort la richeſſe de l'Agriculteur au-deſſus de toute autre eſpèce de fortune ; il ne devient riche aux dépens de perſonne, & il n'eſt pas riche pour lui ſeul. Lorſqu'il remplit ſes greniers, il assure la subsistance d'un grand nombre d'hommes. La culture qui augmente le produit de la terre, crée, en quelque sorte, des valeurs nouvelles qui ne tardent pas à favoriser la population, cette source de la prospérité des empires.

L'accroissement & la perfection de l'industrie ne sauroient atteindre aux mêmes avantages. Plus bornée dans ses effets, l'industrie n'enrichit l'État qu'avec des pertes réelles. On est même forcé de gémir de ce que l'établissement des fabriques nuit parmi nous à la culture. Elles ont franchi les montagnes, tandis que dans nos plaines tout dut céder à l'amour de l'agriculture, laquelle y appelle en toutes saisons à des travaux utiles. La beauté du climat laisse à peine quelques jours pour construire à l'abri les outils aratoires. Il n'y est point de temps où la terre ne puisse être cultivée ; la gelée elle-même y donne les jours les plus favorables au travail, & le soleil anéantit tout l'effet des frimats.

Il convient aux habitans du Gévaudan, du Vélai, du Vivarais & des Cevènes, d'adopter les fabriques ; mais ils ont la sagesse de devenir fabricans & cultivateurs, suivant la saison. L'agriculture les chasse de leurs habitations, lorsque la terre demande leurs bras ; & lorſque les hivers rigoureux, une neige ſubſiſtante pendant pluſieurs mois, ou de longues & fortes pluies, les renferment ſous leurs toits, l'induſtrie rend leur retraite utile. Ils y travaillent la laine qu'ils ont coupée ſur le dos de leur moutons, que leurs femmes ont lavée & qu'elles ont filée. Cette variété d'occupations dictée par la nature, conſerve dans ce peuple ſa force corporelle. Car le peuple cultivateur reçoit de l'exercice varié de ſes bras, & de la pureté du grand air qu'il reſpire, un principe de vie qui le rend vigoureux, courageux & nombreux; on le voit multiplier comme le blé qu'il jette en terre.

Le fabricant de nos plaines, réduit à des mouvemens uniformes & partiels, confiné dans des bâtimens reſſerrés, quelquefois humides, quelquefois échauffés, & plus ſouvent infectés, languit, s'énerve, contracte des infirmités, & voit dégénérer le peu de poſtérité qui ſort de lui.

La contagion des villes a appris à l'habitant de la campagne à déſirer des richeſſes, & à décider le choix de ſes occupations, d'après le profit préſent qu'il en retire. Il s'affectionne à ſon métier, & abandonne à des mercenaires la culture de l'héritage de ſes pères, les travaux de la vigne qu'il eut le plaiſir de planter. Ce n'eſt pas qu'il ignore l'imperfection de la main-d'œuvre donnée à prix d'argent ; il n'abandonne l'objet naturel de ſon attachement, que parce qu'il attend plus d'écus de ſon métier, que de la récolte de ſon fonds. Il écoutera ſa tendreſſe, lorſque les récoltes ſeront plus abondantes & d'un meilleur prix. L'amélioration de la culture remplira ces deux objets ; elle aura l'avantage de faire renaître, dans le propriétaire, l'affection pour la terre qu'il avoit preſque répudiée à cauſe de ſa ſtérilité.

Il eſt encore des motifs d'un autre ordre, qui doivent affectionner à l'agriculture. Le bien que les mœurs en reçoivent n'eſt pas le moindre principe de la félicité humaine, & du bon ordre de la ſociété. Tout ſemble s'épurer dans l'homme qui ſe rapproche du vœu de la nature, & de l'art auquel il fut primitivement voué. Les mœurs des campagnes, plus éloignées des foyers de corruption, ſont les dernières à s'altérer. Moins d'occaſions d'éprouver l'activité des paſſions, la dépendance continuelle de la Providence, l'épreuve de châtimens qui ne ſe rapportent qu'au Maître de toutes choſes, la frugalité, la vie occupée, l'incompatibilité des aiſes & plaiſirs de la vie avec des travaux pénibles, établiſſent le cultivateur dans une heureuse habitude, qui éloigne de lui les ennemis de l'innocence. L'habitant de la campagne est charitable, hospitalier ; il traite bien ses inférieurs ; il estime & il soigne avec intérêt les animaux eux-mêmes ; & la rudesse de ses manières n'influe pas sur son cœur : il est bon mari, bon père, bon parent & bon ami, sujet fidèle & citoyen zélé.

Les citadins, & sur-tout ceux qui s'occupent de l'étude de la nature, lui reprochent d'être servilement attaché à ses usages & à sa routine ; & vous ne sauriez disconvenir qu'il ne mérite le reproche de n'avoir pas perfectionné son art. Le fils exécute ce qu'il vit faire à son père, comme le père fut fidèle aux préjugés de celui qui le forma.

Je dirai, pour sa défense, & je ne vous déplairai pas, que bien des charlatans se sont vantés en divers temps d'heureuses découvertes, qui ont occasionné plus de pertes que de profits. Le cultivateur a appris à se méfier, & il se rend difficile pour l'adoption des nouveaux procédés. Son amour-propre s'oppose aussi à la perfection de la culture ; & à quel bien l'amour-propre n'est-il pas contraire ! Il se vante de son expérience, & ne voit pas ce qu'on lui propoſe, autoriſé par des eſſais aſſez déciſifs. Il ne fut pas élevé dans l'étude des ſciences qui peuvent conduire aux connoiſſances nouvelles; il exerce ſcrupuleuſement la pratique de ceux qui l'ont précédé, & on ne lui parla jamais de principes ni de maximes, autres que de quelques proverbes, vérités échappées à l'expérience, mais ſans liaiſon entre elles. Cependant tout art a ſes règles, toute opération a ſon but raiſonné & calculé, tout procédé a ſa compoſition déterminée d'après des qualités connues. Comment le premier des arts par l'utilité & l'ancienneté, manqueroit-il de ces ſecours pour diriger & éclairer dans l'exercice qu'on en fait ?

Les recherches de l'homme, ſon étude, ne furent pas toujours fixées par la plus grande utilité, & ſouvent la Providence ſe plaît à faire diſparoître la ſuite des connoiſſances, la plus lumineuſe & la mieux digérée. Elle appelle ſucceſſivement les diverſes nations à perfectionner une ſcience; & la révolution qui avilit les peuples, entraîne la perte de ce qu'ils avoient acquis. Peu importe, au ſurplus, de ſavoir ſi l'agriculture a été plus éclairée dans d'autres pays que parmi nous, s'il eſt réſervé à notre ſiècle de poſer des principes généraux & certains, & d'autoriser les procédés qui en dérivent par les résultats des récoltes. Bénissons la Providence de ses dons, & faisons jouir nos contemporains & notre postérité des lumières qu'elle leur accorde.

Ce ne peut être sans fruit pour l'agriculture, que la physique & les branches de sciences qui lui sont unies aient acquis plus de moyens & de succès. Le goût pour assurer les connoissances, le scrupule dans ceux qui font les expériences, le discernement dans ceux qui les jugent, la discrétion qui redoute d'établir légérement des théories, doivent inspirer la confiance pour les lumières que les savans se déterminent à répandre.

Ce n'est pas qu'il convienne à l'Agriculteur de suivre les savans dans leurs travaux, & de se livrer à des lectures approfondies. Peu lui importe de remonter aux causes primitives, plus propres à exciter des disputes, qu'à déterminer la pratique. Il a droit de jouir des résultats que lui fournissent toutes les sciences ; il doit connoître le moyen de se procurer un tel produit ; il doit discerner les obstacles qui s'opposent au résultat qu'il se flattoit d'obtenir.

Sans le tirer de l'humble dépendance

des faveurs de celui qui donne la rosée & les pluies en temps opportun, il faut lui apprendre quels travaux mettront sa semence à l'abri des frimats & des insectes, quel procédé hâtera la germination, quelle précaution préservera ses grains de la contagion qui anéantiroit ses récoltes, la meilleure manière de les couper, de les battre, de les conserver, &c. &c. &c.

Il faut lui montrer, dans ses fautes, le principe des maux qu'il a éprouvés, & qu'il ne puisse accuser que son ignorance des torts dont il chargeoit l'abondance des pluies, l'excès de la sécheresse, les gelées, les brouillards, & les diverses variations des saisons & de la température.

Cette instruction, utile par elle-même pour le résultat de la récolte, aura l'avantage d'augmenter l'intérêt dans l'exercice de la culture. S'il voit le succès des procédés dont on l'aura instruit, le cultivateur s'applaudira de sa science ; il cherchera à s'éclairer & à se réformer ; le bénéfice des récoltes opérera sur lui & sur ses voisins l'heureuse conviction qui substituera à la routine des axiomes invariables & des procédés éprouvés.

LETTRE II.

De la destination à donner à la terre.

LA première notion à prendre en agriculture, est celle des terrains, non en savant qui en sait analyser les principes, mais en observateur qui en examine la production, pour en conclure le plus ou moins de fécondité. Toute terre n'accueillira pas la même semence. Le blé ne fructifiera pas où l'orge & le seigle donneront de fortes moissons. Il faut se départir de l'espoir de réunir dans ses domaines, avec le même succès, toute espèce de production. Il est dans l'ordre que l'homme ne s'isole jamais de manière à se passer de son voisin.

Dans les pays habités & en société, l'objet de la culture est de retirer du sol la plus grande production & la plus profitable. L'intérêt du particulier, la richesse nationale, font un devoir d'observer ce qui doit procurer les produits les plus abondans & les plus utiles. Il ne nous est pas donné de connoître, par le raisonnement, la production la plus analogue à chaque terre; le grain, la couleur n'indiquent rien de certain ; & je me garderai bien de vous proposer d'examiner les causes de la fécondité de la terre. Il est évident que l'Être suprême a interdit à l'homme cette espèce de silence dans les trois règnes de la nature Consentons d'ignorer si ce sont les sels que la terre contient qui la rendent propre à donner telle production & avec plus ou moins de fécondité, ou si nous devons regarder la terre comme destinée à recevoir l'eau & la chaleur, principes de la végétation.

Le cultivateur doit se borner à discerner, par les plantes que la terre inculte produit, ce qu'il doit attendre de la terre qu'il aura travaillée ; il ne trouvera, par l'examen de la terre, que les leçons sur l'espèce de travail qu'elle exige. Il doit savoir que pour la mettre en état de produit, l'eau n'y doit pas séjourner, & elle n'y doit pas être promptement absorbée. Le labour & les engrais doivent avoir pour but de remédier à ces deux défauts. Il faut diviser la terre argileuse & compacte ; il faut lier la terre sabloneuse & trop perméable, y conserver un certain temps l'eau que le ciel répand sur notre culture, pour que l'intérieur du sol n'ait que cette humidité qui favorise la végétation.

Ainſi, quand vous voudrez rendre féconde une terre inculte, ne deſtinez à porter des grains que celle ſur laquelle vous appercevrez des plantes vigoureuſes, & apprenez les moyens de la cultiver, en mettant l'intérieur à découvert. Faites-y des tranchées pour diſcerner ſa qualité, & connoître la profondeur à laquelle vos travaux peuvent parvenir. Portez ſur la terre argileuſe des fumiers légers, des pailles non-conſommées, des marnes, & même du ſable. Il ne s'agit que de la diviſer par le mélange de ces corps dont l'union doit opérer l'effet d'anéantir la ténacité qui la rend imperméable à l'eau. Au contraire, la terre ſabloneuſe ne conſervera le bénéfice des pluies, que lorſque vous l'aurez réunie par des fumiers gras, ou par de l'argile.

La très-grande partie des terres n'a beſoin que des labours pour être miſe en état de production. Les fumiers conſumés ne nuiront jamais ; ils répareront ce qui s'en perd par la production, par l'action des vents. Quoique je ne veuille pas donner de la doctrine, il faut que vous ſachiez que la terre de laquelle vous attendez vos récoltes, a été formée par les débris & la décompoſition des animaux, des plantes & des arbres : porter ſur la terre les pailles, les feuilles imbibées des excrémens des animaux, c'eſt ajouter à la terre des matières analogues à ſa nature; c'eſt augmenter ſon volume, & renforcer ſa qualité par une matière de même genre, qui, en ſe détruiſant, s'unira à elle parfaitement, & qui, pendant l'opération de cette union, la rendra plus ſuſceptible d'être pénétrée par les racines des plantes qu'elle doit nourrir.

Vous admirerez certainement, en conſidérant vos champs chargés de fumiers, cet ordre invariable par lequel rien ne périt ſans utilité, & qui fait ſortir les êtres nouveaux de la deſtruction de ceux qui ont exiſté avant eux.

La deſtination des terres doit être guidée par l'expérience. En général, on doit donner au blé les meilleurs fonds, tant pour la qualité de la terre, que pour ſa profondeur. Cependant il eſt des contrées où des champs, parſemés de cailloux roulés, portent de très-belles récoltes. Il faut donc modifier les principes par l'expérience : elle ſeule a pu faire connoître que la terre mélangée de ces cailloux, étoit favorable au blé, & que les cailloux y entretenoient l'humidité au point favorable à la végétation. Sans une expérience ſemblable, il eût été à propos de donner à cette terre caillouteuſe des plants de vignes.

Gardez-vous donc d'être invariablement attaché à ces notions générales: l'expérience ſeule donne les jugemens & les procédés certains. La terre bien diviſée, peu profonde, & dans un état de fraîcheur habituel, eſt déſtinée par la nature à former de beaux & bons prés.

Si l'humidité manque, & que la profondeur ne ſoit pas ſuffiſante pour recevoir les racines du blé, les grains, tels que le ſeigle, l'orge & l'avoine, pourront mettre ſa fécondité à profit; & par l'accroiſſement que les labours, les fumiers & la deſtruction des chaumes & des racines porteront ſur cette terre inſenſiblement, elle parviendra quelque jour à donner des récoltes plus précieuſes.

Vous ſentez déjà que je ſuis bien exigeant pour confier la ſemence du blé. Il me paroît déplorable que, dans le Bas-Languedoc, on s'aveugle au point de ſemer en blé des fonds que l'on ſait par l'expérience ne porter, dans les meilleures années, que quatre ou cinq pour un, & le plus communément trois & au-deſſous. Il eſt de fait que le cultivateur retire à peine ſes avances & ſon travail, lors de pareilles récoltes, tandis que des plantations

tions de vignes donneroient des bénéfices considérables. Il est cependant convenable qu'avant de répudier la culture du blé, nos compatriotes aient pratiqué une meilleure culture ; car il n'est pas possible de ne pas inculper leurs labours & leurs semences de contribuer aux mauvaises récoltes qui les appauvrissent.

LETTRES III.

Du Labour.

NE penseriez-vous pas, mon cher ami, qu'on laboureroit bien mieux, si l'on savoit le secret de la végétation, si l'on connoissoit ce qui fournit aux plantes le principe qui leur donne leur accroissement, & quel est le rôle que la terre joue pour la végétation des productions dont elle nous enrichit ? Je suis convaincu que le secret de toute espèce de fécondité est caché à l'homme. Loin de s'amuser à le pénétrer, & loin de se perdre dans les divers systèmes, il doit se borner à exécuter les travaux qu'il lui est imposé de faire. Mais il seroit cependant absurde de le réduire à la simple action d'une machine exécutant ſans diſcernement en toute circonſtance une ſeule & même opération & s'interdiſant la moindre obſervation qui pût diriger & varier ſon action.

Labourer la terre, c'eſt la diviſer, la déplacer, la remuer en ſens différens : l'humidité, les racines des plantes, ſon poids ſeul lient la terre, la taſſent & rendent ſes parties adhérentes. Le labour doit détruire la maſſe qui en réſulte, & la rendre propre à recevoir l'introduction de l'air & celle des pluies, parce que nous voyons que les germes ſont étouffés ſous les mottes de terre, & que le défaut d'humidité laiſſe nos graines ſans fécondité, & nos plantes ſans accroiſſement. Nous concluons de ces faits, ſi ſenſibles à nos yeux, qu'il faut labourer ; mais comment le ferons-nous ? Un ſeul travail ne ſuffit pas ; & dès-lors eſt-il à propos que chaque labour ſe faſſe de la même manière ? J'ignore, & je conſens d'ignorer ſi la fécondité vient ſeulement de l'air & des pluies, ou ſi la terre fournit des ſels & la sève qui circule dans les plantes. J'ignore auſſi ſi l'action de l'air & des pluies perfectionne ou détruit la qualité de la couche de terre qui eſt à la ſuperficie, & ſi la profondeur de la terre eſt le ſiége de la vertu productive. Il me suffit d'appercevoir que la superficie de la terre & sa profondeur, n'ont pas la même destination dans l'opération de la végétation, pour que je croie qu'il doit être avantageux de les substituer l'une à l'autre : j'y vois un moyen naturel de me procurer aussi une terre nouvelle pour produire chaque récolte.

En suivant cette idée, je distingue le premier labour de ceux qui le suivront ; je regarde le travail qui doit ouvrir la terre, comme destiné à déplacer la superficie pour la porter au fond, & à faire remonter au dessus la terre qui, l'année précédente, s'étoit trouvée dans la profondeur. Je veux bouleverser, par ce premier labour, la terre végétale de mon champ, en appelant en haut ce qui étoit en bas, & mettant dans le bas ce qui formoit la surface. J'étouffe, par ce moyen, les mauvaises graines plus abondantes à la superficie ; je fais pourrir & servir d'engrais les plantes qui avoient poussé ; je renouvelle mon sol, & je le tiens, par l'observation de cette pratique, dans un ameublissement bien plus assuré. Mais par quel moyen, me direz-vous, faire ce reversement total de la terre végétale ? Je réponds que ce ne sera pas avec la charrue dont on se sert en Languedoc ; d'autres Provinces de la France me la fourniront.

Je regarde les labours qui doivent suivre ce bouleversement de ma terre, comme destinés à diviser ma nouvelle superficie, la mettre en état de se bien pénétrer de l'influence de l'air, de celle des pluies, de l'exposer à la gelée, & l'effet sera de la bien ameublir. Mes second & troisième labours briseront les mottes, & ne laisseront sur le champ que de petites boules que le temps dissoudra, même sans la gelée ; & je suis convaincu que si je donne le premier labour dès que les gerbes auront été enlevées, je pourrai avoir préparé mon champ pour la semence qui suivra ; le reste des chaleurs de l'été, les pluies de l'automne me laissant des intervalles pour deux labours propres à rompre les mottes, acheveront l'entière préparation de ma terre, & je pourrai en octobre jeter ma semence dans un terrain neuf.

Ces second & troisième labours ne seront pas difficiles à donner. Ils ne doivent pas pénétrer à l'entière profondeur ; ils doivent s'arrêter à cinq ou six pouces, & rejeter à droite & à gauche, par des sillons qui se coupent, la terre de cette superficie nouvelle. La couche qui a passé en dessous n'a pas assez perdu de l'ameublissement des labours de l'annèe précédente, pour devenir impénétrable aux racines. De nouveaux labours ne pourroient l'atteindre ſans la déplacer.

Je ſais que le laboureur eſt convaincu que la terre de la profondeur n'eſt pas propre à la végétation, & qu'il redoute de la mélanger avec celle que le labour en uſage peut atteindre. Je réponds d'abord que je n'entends pas porter indiſtinctement ſur la ſuperficie toute eſpèce de terre que ma forte charrue pourra atteindre. Je veux, avant de faire le premier labour ſonder mon terrain par des creux, & reconnoître juſques à quelle profondeur il y exiſte de la terre végétale. Elle eſt facile à diſcerner. Je dirige m'a charrue d'après la connoiſſance que j'aurai priſe de l'épaiſſeur de la terre que je peux faire ſervir à ma culture. Je meſure ſur elle la profondeur de mon labour, & la force des animaux qui doivent labourer. Je ſais que ſi cette terre n'a pas été déplacée depuis long-temps, je ne dois pas la deſtiner à y ſemer des grains; elle me ſervira à recueillir des fourrages, juſques à ce que mes labours, ainſi renouvelés, l'aient rendue propre à me donner du blé.

Toute bonne culture doit employer la terre qui eſt propre à la végétation. Lorſqu'une partie de cette terre a été négligée, qu'elle eſt long-temps demeurée à l'abri de l'air extérieur ; elle ne pourra pas produire de belles récoltes, elle aura beſoin de demeurer plus de temps à la ſuperficie, ou plutôt d'y revenir plus d'une fois ; car il faut ſe garder d'interrompre cette ſucceſſion de travaux qui déplaceront annuellement les couches de terre. La première année qui vous donnera à la ſuperficie du champ une terre qui n'avoit pas vu le jour depuis long-temps, vous donnera pour récolte un fourrage. Vous rappellerez, l'année d'après, la couche de terre qui avoit coutume d'être à la ſuperficie, & vous ne ceſſerez pas d'y jeter des grains : la troiſième année, vous aurez de nouveau cette terre qui n'a encore vu le jour qu'un an ; vous lui donnerez une ſeconde fois la graine d'un fourrage ; & ce ne ſera que lorſqu'elle reparoîtra à la ſuperficie pour la troiſième fois, que vous lui confierez le blé ; & déſormais votre labour annuel ne déplaçant plus une terre neuve, vous mettra en état de recueillir de belles récoltes de blé.

Le travail que je viens de propoſer pour déplacer les couches de terre, & les reverſer entièrement, exige des charrues différentes de celle qui eſt en uſage dans le bas Languedoc. La charrue de Bourgogne eſt conſtruite pour exécuter facilement cette ſubſtitution des couches de terre. Un couteau tranchant & perpendiculaire prévient l'entrée de la charrue, en fendant la terre. Un ſoc bien large coupe la terre horizontalement, & à l'aide d'une oreille, dont le bas eſt en plan incliné, la terre s'élève graduellement, & eſt enſuite reverſée peu à peu par le changement de direction de l'oreille, & finit par retomber deſſus deſſous ſur le bord du ſillon qui vient d'être tracé. Les chevaux ou bœufs qui traînent cette charrue, doivent être aſſez forts pour vaincre la réſiſtance d'une maſſe de terre conſidérable en largeur & en épaiſſeur. Ce travail eſt trop important pour regretter la petite augmentation de frais qui peut réſulter du plus grand nombre de chevaux ou de bœufs que cette charrue exige.

Il eſt bon d'obſerver qu'elle porte ſur un eſpace au moins double de celui que nos charrues travaillent ; ce qui compenſe une partie de l'accroiſſement des frais.

Il ſeroit contraire à mes vues de ſe ſervir de cette charrue pour les autres labours ; ils ne doivent porter qu'à cinq ou ſix pouces ; ils doivent éparpiller les mottes, les rompre, ſoulever & agiter le deſſus de la terre, pour y faire pénétrer l'air & les pluies. La charrue légère du Bas-Languedoc remplira parfaitement cet objet, en parcourant, en divers ſens, la ſurface du champ : deux labours de ce genre & trois au ſurplus ſuffiront. Cette même charrue ſera encore de ſervice pour l'époque de la ſemence. Je ne demande d'autre changement, pour perfectionner la culture dans cette Province, que dans ſon premier labour. Je crois avoir prouvé les avantages qui doivent réſulter du déplacement des couches de terre.

La charrue de Bourgogne en procurera quelques autres. Son ſoc tranchant horizontalement, détruit entièrement les plantes dont les racines fortes & profondes ſe trouveront coupées ; elle enfouira les plantes ſuperficielles, & en fera un engrais. Le chiendent ſeul pourroit la braver, ſi le labour n'atteignoit pas le fond de la bonne terre : ſa racine ſera portée en haut par le reverſement des couches, & pourra être facilement extirpée par les petites charrues lors des autres labours.

Je ne cherche pas à critiquer la méthode en uſage. Je n'ai pas beſoin, pour autoriſer la mienne, de publier les défauts & les effets funeſtes de la pratique reçue. Mais il eſt néceſſaire d'obſerver qu'une des choſes les plus capables de préjudicier aux récoltes, eſt de mélanger par le labour une terre mouillée avec une terre sèche. Ce mélange s'opère, le plus ſouvent, par le travail de la charrue uſitée. Cette charrue ne fait que ſoulever la terre, & laiſſer retomber confuſément, dans le creux qu'elle vient de tracer, une partie de chacune des couches qu'elle vient de pénétrer. C'eſt lorſqu'il retombe une portion de ces terres, que ſe fait le mélange de la terre sèche avec la terre humide ; & il en réſulte une fermentation à l'aide de laquelle des graines que les ſaiſons ordinaires n'auroient pu faire germer, s'échauffent, pouſſent vigoureuſement, & pullulent au point d'étouffer la bonne ſemence.

Lorſque la terre eſt reverſée pleinement, les couches qui la compoſent conſervent la même poſition ſans ſe mélanger entre elles, & ſi la couche ſupérieure, qui eſt le plus ſouvent sèche, eſt poſée au fond du ſillon, elle reçoit peu à peu l'humidité de la profondeur, & celle qui eſt portée en haut, perd, par l'action de l'air extérieur, l'humidité qu'elle avoit contractée.

LETTRE IV.

Des Semailles.

TOut, mon cher ami, eſt important en agriculture. L'abondance & la qualité des récoltes dépendent de la perfection de chacune des opérations qui les précèdent, & le défaut qui peut ſe gliſſer dans une ſeule, ſe fait ſentir ſur la production. Les ſemailles doivent avoir pour objet de placer en terre le grain le plus propre à la germination, & le plus avantageuſement pour ſa conſervation & ſa végétation.

Les qualités apparentes du grain doivoient être aſſez généralement convenues pour déterminer le choix de la ſemence. Mais c'eſt l'expérience de chaque contrée qui apprend à préférer la production de tel canton pour germer dans un autre.

Il me ſemble que nos agriculteurs ſont dans l'erreur ſur la qualité qu'ils recherchent dans le grain qu'ils deſtinent à la ſemence; & le principe de leur erreur, eſt dans la perſuaſion où ils ſont que le plus grand nombre de grains doit leur donner plus de récolte. Ainſi ils choiſiſſent dans les grains bien mûrs ceux qui ne ſont pas les plus gros ; leur expreſſion eſt que cette ſemence *court mieux dans la main* ; c'eſt-à-dire, qu'une même meſure en contient une quantité plus grande. Il eſt cependant, parmi eux, un autre axiome, *que le blé n'a pas de plus grand ennemi que lui-même.* Il eſt poſſible que dans une tête bien organiſée le ſecond axiome modifie le premier ; mais il reſtera toujours à combattre la vue d'économie qui voudroit trouver dans le ſetier deſtiné pour la ſemence un plus grand nombre de grains pour en couvrir plus de terrain.

La graine fournit au germe la première nourriture, le premier développement ; il faut qu'elle le mette en état de pouſſer les racines, ſans leſquelles il ne pourra trouver dans la terre la nourriture qui doit former la plante & la faire fructifier. Peut-il être indifférent que la conſtitution de ces racines ſoit vigoureuſe ? Certainement le grain formé le plus avantageuſement, doit être le plus propre à donner au germe les moyens de s'alimenter & les meilleurs organes. Choiſiſſez donc pour la ſemence le blé le plus mûr & le plus nourri. Toutes choſes égales, il doit produire la plus belle plante ; ſon germe eſt ſuppoſé plus vigoureux, & ce germe doit trouver un plus parfait développement dans le lait, plus abondamment préparé par la nature sous les enveloppes d'un grain gros & bien mûr.

L'économie est funeste dans tous les principes de toute production. Je ne combats pas l'usage introduit de cesser au bout de quelques années de donner pour semence à la terre le blé qu'elle a produit, & de la prendre cette semence dans un terroir étranger, & différent en qualité de terre. Cette opération doit avoir quelques principes, pour diriger le choix à défaut de l'expérience. Il semble que les pays septentrionaux doivent préférer pour semence les blés nés dans un climat plus chaud, & que les pays humides demandent les blés des pays secs & graveleux.

La distinction des espèces de blés en raz ou barbus, en glacés ou tendres, offre des différences à observer. L'expérience doit déterminer le choix. Tout ce que nous savons se réduit à préférer les blés barbus pour les terres sujettes aux brouillards ; la barbe fixe & dévoie l'eau qui se forme lorsque le brouillard se résout. Les blés raz se plaisent à être agités par le vent, & conviennent aux cantons secs.

Le moment de la ſemence eſt celui où le cultivateur ſe complaît à conſidérer l'état d'ameubliſſement qu'il a donné à ſa terre. Elle doit lui offrir un coup d'œil uniforme, qu'aucune verdeur ne choque, qu'aucune élévation de mottes n'interrompe. Si, malgré ſes ſoins, il étoit reſté quelque plante, il l'arrachera, en inculpant la négligence qui l'a laiſſée ſubſiſter ; ſi la ſaiſon n'a pu ſervir les labours pour diſſoudre les mottes, il introduira dans ſes champs des ouvriers avec des maillets pour les briſer. Il ſait que le blé, quoique germé avec vigueur, périt ſous la motte qu'il ne peut pénétrer ; il eſt étouffé en naiſſant.

Depuis nombre d'années, les papiers publics & les livres d'agriculture ont invité à faire à la ſemence la préparation qu'on a appelée *chaulage*. On a eu en vue deux avantages en indiquant ce procédé : 1°. de purger les grains de la pouſſière contagieuſe qui convertit dans l'épi la partie de la farine en une matière noire & pulvérulente, que nous avons appelé *la nielle*, ou carie ; 2°. de procurer une végétation plus prompte & plus vigoureuſe dans le premier développement du germe.

Les recettes indiquées ſont faciles à pratiquer ; elles ne ſont pas coûteuſes. On ne demande que de l'eau, de fumier & de la chaux fusée à l'air. On trempe le blé dans la liqueur résultante du fumier fermenté dans l'eau : les uns jettent la chaux dans cette liqueur avant d'y plonger le blé ; les autres la réservent pour en soupoudrer le blé que l'immersion dans l'eau de fumier peut avoir rendu trop humide.

On peut aussi préparer le blé en l'arrosant 24 heures avant de le semer, & retournant le tas plusieurs fois, pour que l'humidité de l'eau du fumier le pénètre.

N'attendez pas que je vous dise si l'eau de fumier agit en donnant des sels, ou autrement : tout ce que je sais, c'est que dans les champs on remarque les places sur lesquelles les animaux de labour ont laissé tomber leurs excrémens ; on distingue ces places par la plus grande vigueur des plantes qui y sont nées.

Le chaulage a incontestablement l'avantage de ramollir l'écorce du blé, de porter dans le grain une humidité qu'il attend quelquefois trop long-temps des pluies de l'automne. Les blés chaulés naissent plutôt & avec plus de vigueur ; ils sont exposés moins long-temps aux accidens qu'ils éprouvent tant qu'ils demeurent en terre en état de grain.

Ne fit-on d'autre préparation au blé

qu'on veut ſemer , que de le tremper dans l'eau pure la veille du jour où l'on veut le confier à la terre , on obtiendra l'anticipation de la germination; pourquoi ſe refuſer d'ajouter à l'eau le mélange qui eſt réputé capable de rendre le germe plus vigoureux ?

Il y a quelque différence dans l'ordre du travail de la terre à l'époque de la ſemence. Il eſt des pays, comme aux environs de Paris , dans leſquels le labour précède le jet du blé , la charrue ſépare une planche de terre d'une meſure déterminée, & elle y forme divers ſillons. Le ſemeur répand , dans cette eſpace , le blé qui doit fructifier ; la herſe vient enſuite ; traînée par un ou deux chevaux , elle comble les ſillons , en abaiſſant les élévations qui les ſéparent.

L'autre méthode commence par introduire le ſemeur ſur la terre qui avoit reçu quelque temps auparavant le dernier des labours deſtinés à l'ameublir. Ce ſemeur forme des diviſions déterminées par un nombre de pas , & une charrue légère, qui n'eſt ſouvent traînée que par un homme, trace légérement des lignes pour borner les eſpaces que le ſemeur a marqués.

Dans cette circonſcription, qu'il prétend ne pas franchir, le ſemeur va & revient, répandant le grain en cadence, & par le jet de ſa main toujours égal & meſuré. Lorſqu'il abandonne cette portion de terre, pour opérer de même ſur un eſpace pareil, la charrue ſillone ce terrain jonché de grains, & on dit qu'elle le recouvre par les élévations qu'elle forme entre les ſillons qu'elle trace. On obſerve que ces élévations ſoient plus larges & plus élevées, ſuivant que la terre eſt plus expoſée à la ſtagnation des eaux pluviales.

Dans la première de ces méthodes, la moins en uſage dans le Bas-Languedoc, une partie du grain tombe dans la profondeur des ſillons, l'autre s'arrête ſur les différentes parties des élévations qui les ſéparent, & la herſe qui vient égaler ces inégalités, ne peut enfouir également les grains qui ont été jetés au haſard ſur des ſurfaces ſi peu égales. Dans la ſeconde, le grain tombe ſur un ſol plus uni, & le labour qui ſurvient le place dans les monticules que la charrue élève en traçant les ſillons. Il s'enſuit que le grain y eſt placé à des profondeurs inégales, & l'entre-deux des ſillons qui contient la ſemence, préſente à l'action de l'air beaucoup de ſurface; il doit reſſentir facilement l'effet des gélées & de la ſéchereſſe. Les racines des blés ne peuvent s'y étendre ſuffiſamment pour

pour donner à la plante une ſtabilité capable de la ſoutenir contre les vents impétueux & la violence de la pluie, laquelle parvient bientôt à la coucher. Dans les deux méthodes, les grains de blé ſe trouvent placés en terre à des élévations différentes ; la moindre partie eſt celle qu a rencontré une profondeur capable de lui faire braver la rigueur des hivers & la ſéchereſſe des printemps, qui quelquefois donnent des chaleurs précoces & ſoutenues.

La bonne manière de ſemer eſt celle qui placera l'univerſalité des grains à la profondeur la plus favorable à la naiſſance de la plante, à la formation de ſes racines, à leur libre extenſion, & qui préſervera le grain contre les attaques des oiſeaux & des inſectes, & la plante contre l'action de la gelée, de la pluie & des vents. Il ſemble que, pour acquérir ces avantages, il faut placer la ſemence au fond du ſillon, & dans des diſtances égales. Les machines ſeules peuvent procurer l'égalité de diſtance & de profondeur. Le Sr. Montréal inventa une eſpèce de ſemoir, qu'on peut attacher au ſoc de la petite charrue languedocienne, laquelle eſt très-propre à former les ſillons pour les cas où il ne faut ni reverſer la terre, ni la travailler profondément. Ce semoir, composé de loges creusées symétriquement dans l'axe de deux roues, donne à volonté diverses quantités de semence. Il n'exige d'autre attention de la part du laboureur, que de veiller à ce que le sac de grain qui le surmonte ne se vide jamais en entier. Il est si rapproché de la charrue, qu'il n'existe pas un pied de distance entre le talon de la charrue & la chûte du grain. Les cultivateurs ont rejeté ce semoir, parce qu'il rendoit inutile la prétendue science des valets, auxquels la fonction de semer procure quelqu'augmentation de gages. Il contredisoit d'ailleurs cette routine si vénérée parmi les habitans de la campagne. On peut assurer que le succès en a été complet.

Le semoir n'ajoute aucune œuvre nouvelle ; il supprime, au contraire, l'opération du semeur & les arpentages des terrains dans lesquels le jet de sa main doit se borner (*).

Les distances à observer pour la multiplication la plus avantageuse des plantes

(*) On trouvera, à la suite du recueil d'arrêts donné pour le Languedoc en l'année 176 , un mémoire portant le nom du Sr. Montréal : cette machine y est décrite.

& de leurs racines, peuvent varier ſuivant les terrains, ainſi que la profondeur à laquelle la ſemence doit être enfouie. La terre la plus féconde donnera de plus abondantes récoltes avec une moindre quantité de ſemence, parce que les racines des plantes y deviendront & plus nombreuſes & plus vigoureuſes. La terre la moins compacte & la plus sèche comportera une profondeur plus grande ; elle ſera plus facile à pénétrer, & moins capable de ſoutenir la plante ; ſon humidité ne ſe conſervera pas dans une couche plus baſſe que dans la terre plus forte.

On trouve dans un mémoire que le Sr. Montréal préſenta aux Etats de Languedoc, & qui fut diſtribué ſous ſon nom, une obſervation déciſive, pour déterminer la moindre profondeur qu'on puiſſe donner à la ſemence du blé. La plante du blé, lorſqu'elle eſt placée en terre au-deſſus de vingt & une lignes, à partir de la ſurface, n'a qu'une eſpèce de racines qui prennent les diverſes directions ; lorſqu'au contraire le grain a au-deſſus de lui une épaiſſeur de terre de plus de vingt & une lignes, ſes racines ſe diſtinguent en deux ſortes ; d'abord une racine perpendiculaire qui ſe termine par pluſieurs ramifications, enſuite au point de profondeur de 21 lignes naissent tout autour de la racine principale qui forme pivot, un nombre de racines horisontales & obliques, indépendamment de celles que la semence elle-même avoit jetées dans la profondeur où elle est poseé, & dont la direction approche plus de la perpendiculaire.

Le mémoire du Sr. Montréal fut accompagné d'une gravure représentant, avec exactitude, les racines des plantes de blé semées à des profondeurs différentes.

L'avantage de multiplier les racines, de donner au soutien de la plante la force du pivot, & de porter, dans des couches de terre différentes, les canaux de la sève qui donne la nourriture au blé, est certainement inappréciable. Il est possible que, dans tous les pays, la naissance des racines plus petites ne soit pas fixée à vingt & une lignes; c'est au cultivateur de chaque contrée à observer de quelle manière se comporte chez lui la végétation de la plante du blé, & de régler, d'après ce qu'il découvrira, la profondeur qu'il accordera à la semence. On a remarqué qu'en Languedoc & aux environs de Montpellier, les racines qui se forment à vingt & une lignes ne paroissent que dans le courant de janvier. On leur doit la naiſſance des plantes ſecondaires, qu'on appelle *la tale du blé.*

Les expériences faites pour-lors prouvèrent que la poſition la plus avantageuſe des grains de blé en terre, eſt à cinq pouces au-deſſous de la ſurface du champ. Le laboureur qui dirige la charrue, accompagné du ſemoir, établira facilement l'action de la charrue à cette profondeur.

Le temps le plus favorable pour la ſemence, eſt, dans le Bas-Languedoc, depuis la mi-octobre, juſques à la mi-novembre. Il eſt preſqu'aſſuré que, dans cet intervale de temps, la pluie tombera pendant quelques jours, & il eſt bon qu'elle ſuive ou précède la ſemence. Les fêtes de la Touſſaint ſont ordinairement l'époque d'un temps moins ſerein, & preſque toujours le mois d'octobre a de beaux jours qui ſe reproduiſent avant & après la St. Martin. Chaque pays préſente des probabilités du même genre, & il eſt ſage de les prendre pour règle.

L'écoulement des eaux doit être procuré avec ſoin, ſur-tout dans les champs enſemencés. Lorſque le blé eſt en lait, la trop grande humidité détruit le germe, & le blé eût-il germé, la gelée ſe portant ſur la terre humide ſoulève la plante, atteint les racines, & les sèche ou les pourrit : elle donne lieu à la naissance d'un nombre de plantes dont l'accroissement nuiroit à la végétation du blé. Si le sol du champ est dressé en pente, quelques sillons légérement tracés suffiront ; s'il est plat, les sillons doivent être approfondis graduellement pour aboutir à un fossé. On évitera que le sillon d'écoulement donne un cours trop rapide aux eaux.

On ne peut s'empêcher de s'élever contre le peu de soin qu'ont la plupart des possesseurs de garantir leurs champs du séjour des eaux. Il n'est pas rare d'en voir les bords relevés, sur-tout lorsqu'un fossé les entoure. Le recreusement des fossés produit une bonne terre qu'ils sont jaloux de jeter sur leur champ ; mais ils n'ont pas l'attention de la répandre vers le milieu, & ils ne l'éloignent pas des bords.

Le labour seul suffit aussi pour occasionner le rehaussement des bords, si de temps en temps on ne reporte vers le milieu la terre qui s'est amoncelée aux extrémités. Au bout de chaque sillon que le laboureur forme, il décharge le soc de sa charrue de la terre & des plantes qui s'y sont attachées ; la succession d'un nombre de labours déforme le sol, élève les bords, & creuse le milieu. Voici mon résumé pratique en peu de mots.

Il faut choisir le blé le plus approprié à son terrain.

La semence doit être prise dans la qualité des grains les plus nourris.

Il est utile de pratiquer le chaulage; le champ doit être purgé, par les labours ou à main d'homme, des plantes étrangères & des mottes.

Le blé doit être placé en terre à la profondeur que le pays indique; les grains doivent s'y trouver plus éloignés ou plus rapprochés, suivant que la terre est plus ou moins féconde.

La saison de la semence doit être déterminée par le climat.

Il est important d'empêcher le séjour des eaux dans le champ ensemencé. Les sillons d'écoulement seront formés après la semence; les bords des champs ne doivent jamais être relevés. Le transport des terres, ou extraites des fossés ou ramassées par la charrue sur les bords, doit être fait de manière à dresser le champ sur une pente douce.

LETTRE V.

Du Sarclage.

JE pourſuis les opérations des champs. On ne prévoit point que la ſaiſon puiſſe faire porter au blé une abondance de feuilles, qui exige d'appeler les moutons pour remédier à cet excès de végétation, qui appauvrit la plante, & lui ôte les moyens de bien grainer. Il n'y a que les blés ſemés ſuperficiellement, qui puiſſent recevoir, à un point nuiſible, cette vigueur précoce, & reporter ſur les feuilles l'action qu'ils auroient dû mettre à la multiplication & à l'accroiſſement de leurs racines. Cette inutile fertilité en feuilles ne ſera pas ſi ſenſible ſur la plante placée en terre profondément. L'abondance des pluies d'hiver deviendra moins active dans l'épaiſſeur des couches de terre qui le couvrent : la température y eſt plus égale, & la multiplication des racines met la plante plus en état de nourrir la plus grande quantité d'épis, qu'une tale extraordinaire aura procurés.

Le ſarclage ſera plus ou moins néceſfaire, suivant que la préparation du champ aura été plus soignée, & que les gelées seront venues plus à propos. Il est important de ne pas trop retarder cette extirpation des plantes dont l'accroissement doit nuire au blé. Il est utile de faire bientôt cesser la perte de la sève qu'elles dérobent, & leur extirpation tardive pourroit occasionner la fracture du tuyau du blé qui commenceroit à pointer.

Le bien du sarclage est non seulement de conserver à la plante du blé, sans partage, la nourriture que la terre peut lui donner, mais il écarte pour le moment du battage du blé le mélange des graines étrangères qui en dégradent la qualité. La dépense du sarclage est donc bien remplacée par une récolte plus abondante & d'un prix plus avantageux.

De la Coupe des Grains.

L'époque de la récolte est rapprochée à proportion de la chaleur du climat & de la beauté de la saison. Il est impossible, en Languedoc, de la faire avec lenteur; la maturité s'y accomplit promptement, & le moindre retardement verroit le blé s'échapper & se perdre. Il survient quelquefois une telle chaleur, que, sur la plante même, les enveloppes du blé s'ouvrent & ne peuvent plus retenir le grain. La rupture de ces enveloppes du blé devient quelquefois ſenſible à l'oreille, par le petit bruit de leur déchirement. Alors les ſecouſſes que la coupe occaſionne égraineroient les épis qui ont atteint la trop grande maturité.

La manière de couper le blé la plus uſitée, s'opère par la faucille ; elle exige que le coupeur ſe courbe, qu'il réuniſſe avec la main les tiges qu'il veut couper, & qu'il les poſe en tas à côté de lui. On conçoit qu'il éprouve une fatigue d'autant plus ſenſible, que la ſaiſon eſt plus chaude : la multiplication des mouvemens cauſe un accroiſſement d'agitation ; & on doit, dans la forte chaleur, regarder infiniment à l'action, & regretter celle qu'on peut éviter à l'homme. La main du moiſſonneur a beau être durcie par le travail, elle ſentira les épines & autres plantes piquantes qui ſe trouvent dans la maſſe des tiges de blé. Comment ſe fait-il que ces hommes, qui peuvent s'épargner la grande partie des inconvéniens de la méthode qu'ils pratiquent, perſévèrent à y être attachés ? L'habitude de l'enfance, l'exemple des pères, la crainte d'être trompés par les préceptes nouveaux, qui, d'ailleurs, humilient ceux qui ont la pratique, s'opposent au soulagement de la classe d'hommes qui se vouent à la coupe des blés.

On a peine à imaginer ce qui a pu empêcher d'employer, pour couper le blé, la faulx, dont ont fait usage partout pour les foins, & en beaucoup d'endroits pour les avoines. L'inconvénient de laisser retomber la plante du blé dans une position qui seroit peu favorable, étoit facile à prévenir. L'addition de quelques soutiens posés dans le même sens que le fer de la faulx, procure avec la plus grande aisance le reversement des plantes coupées, malgré la pesanteur des épis. Le travail de la faulx est moins pénible que celui de la faucille. Il n'exige qu'un seul mouvement; il incline un peu le corps & ne le courbe pas; il supprime la prise de la plante avec la main; il l'embrasse, la coupe & la pose régulièrément sur terre. La secousse donnée au blé, est beaucoup moindre que lorsqu'on se sert de la faucille, & il n'est pas à craindre qu'il échappe à la faulx autant d'épis qu'à la main du moissonneur.

Un cultivateur ayant voulu user de la faulx pour la coupe de ses blés, il lui fut représenté par le village, qu'il ne restoit plus de quoi glaner : preuve indubitable de la bonté de cette manière de couper les blés. On n'a garde d'avoir pour objet la ſuppreſſion du ſecours aſſigné au pauvre. La perfection de la méthode de couper les blés & de les ramaſſer, eſt un devoir comme l'aumône. L'un eſt une ſuite du prix mis aux dons de la Providence ; l'autre eſt une dette contractée par celui qui jouit des bienfaits du Créateur. On ne peut accroître les produits, ſans augmenter l'hypothèque du pauvre ; le ſecours qu'il a droit d'attendre eſt en proportion des moyens de celui qui eſt chargé de pourvoir à ſes beſoins. C'eſt donc enrichir le pauvre que de conſerver au propriétaire toute la récolte.

Du Battage des Grains.

Les Auteurs qui ont écrit en dernier lieu, n'ont pas connu, ce ſemble, combien la manière uſitée dans les pays méridionaux eſt infiniment plus avantageuſe pour ces climats que celle qui eſt opérée par le fléau.

L'accélération du battage eſt néceſſaire au cultivateur qui ne peut jouir trop tôt du prix de ſa récolte, qui doit lui remplacer les frais de ſes avances, & lui fournir le moyen d'acquitter les deux-tiers de l'impôt territorial, dont l'échéance concourt à cette époque. Celui qui a éprouvé les chaleurs du Languedoc, n'eſt pas tenté d'appréhender que les blés n'aient pas acquis la parfaite maturité. L'inconvénient à prévenir lors de la coupe des grains, eſt uniquement que l'excès de cette maturité ne faſſe égrainer les épis.

Après que la gerbe eſt faite, elle reçoit, pendant qu'elle demeure dans le champ, une nouvelle action du ſoleil ; & la maturité eſt telle, que le cultivateur eſt forcé de n'entreprendre le tranſport de ſes gerbes à l'aire, que dans les deux ou trois heures qui précèdent le lever du ſoleil, & qui ſuivent ſon coucher ; & encore a-t-il ſouvent l'attention de poſer ſur ſa charrette de grandes toiles pour ramaſſer les grains qui s'échappent des gerbes par le ſimple mouvement qui les y place, & par celui que la charrette leur imprime. Tous les ſucs qui doivent monter de la paille dans les grains pour parfaire ſa maturité, y ſont arrivés; l'adhérence du grain dans l'alvéole qui le contient, eſt détruite avant que les gerbes puiſſent être ſoumiſes au battage. Elles ſont amoncelées ſur le terrain qu'on appelle *aire* ; on en forme des maſſes énormes & très-élevées; les épis y ſont poſés dans l'intérieur, & il s'y établit une nouvelle chaleur qui ſeule ſeroit capable de donner la maturité. Lorſque l'on appelle les chevaux pour fouler, on plante les gerbes ſur l'aire perpendiculairement, l'épi en haut, & on entend les balles de blé ſe ſéparer ou ſe rompre par le ſeul contact de l'air, avant même que l'action des chevaux ait commencé. Il eſt inoui qu'on ait jamais apperçu un ſeul grain écraſé : le pas des chevaux eſt d'abord lent, parce qu'ils montent ſur la ſommité des gerbes, ils y enfoncent & ne font que briſer les épis en les détachant de la paille ; bientôt cette paille parvient à former un ſol plus ſolide, & les chevaux la foulent en trottant. Lorſque la paille plus longue a été enlevée par les fourches qui la ſecouent pluſieurs fois avant que de l'amonceler ſur les bords de l'aire, tout ce qui eſt épi ou portion d'épi retombe & demeure mélangé avec les balles & les parties de pailles plus briſées.

Les chevaux viennent de nouveau, & les épis dont la plupart contiennent encore des grains, ſont alorsfoulés inévitablement. Les chevaux ne battant plus du pied ſur des tas de pailles molles, font ſentir tout l'effet de leurs pieds, & ſi les grains n'euſſent, par leur maturité, acquis une parfaite dureté , ils feroient entièrement écrafés.

Les dernières pailles font enlevées, & les chevaux reviennent encore battre le reftant, qui n'eft prefque que des grains enveloppés dans les balles. Les pieds des chevaux agiffent encore plus puiffamment, & leur retraite ne laiffe qu'à faire la féparation des balles & du blé. Le vent que la Providence accorde dans cette faifon à ces contrées, n'a pas la violence propre à vaincre la pefanteur qui ramène le grain fur l'aire, quoiqu'élevé perpendiculairement à fept & à huit pieds. La balle eft affez légère pour être chaffée, & il ne refte plus bientôt que l'opération du crible, à laquelle ce même vent eft encore utile, en écartant le peu de terre qu'on a pu balayer avec le blé & les graines plus légères que lui. On parlera ci-après du criblage.

Quand on connoît les pailles des pays méridionaux, on ne peut penfer qu'elles foient dégradées par les pieds des chevaux. Ces pailles plus nourries, plus sèches, & conféquemment plus dures, gagnent infiniment à être battues & brifées; elles font reconnues pour contenir plus de fubftance fucrée & nutritive; les pieds des chevaux ne peuvent la leur enlever. Leur dureté exige qu'elles ſoient aſſouplies : ſans cela elles bleſſeroient le palais des beſtiaux qui s'en nourriſſent.

On accuſe auſſi le foulage des grains par les pieds des chevaux, d'être moins économique. L'Auteur moderne, qui a cru appercevoir le fondement de ce reproche, n'a pas calculé le prodigieux avantage que trouve le cultivateur à jouir plus promptement de la valeur de ſa récolte. Il auroit dû faire entrer dans ſon calcul le bénéfice que procure l'accélération de la jouiſſance ~~des hommes~~ que produit la vente des blés. Cet Auteur paroît d'ailleurs avoir ignoré la pratique la plus généralement obſervée pour les récoltes conſidérables dans le Bas-Languedoc. Les chevaux qui les foulent forment des haras très-nombreux, qui ſe nourriſſent & pullulent dans les marais. Le travail de ces haras, qui dure environ deux mois, eſt un revenu conſidérable, ſans que la rétribution charge beaucoup le cultivateur qui les a appelés pour fouler ſes grains. Cette rétribution eſt priſe en nature, 4 ſetiers ſur cent, ou 4 liv. par paire en argent.

Le calcul du détracteur a été fait ſur le foulage des récoltes des payſans. Quand il ſeroit vrai que le foulage des grains ſeroit plus cher que le battage par le fléau, ce

Ce défaut d'économie feroit bien compensé par le travail utile de l'hiver, auquel les gens de la campagne ont peine à suffire. Le travail en grange ne peut paroître utile que dans ces climats où l'humidité du terrain, où les pluies presque continuelles, où les brouillards, les neiges & les froids excessifs mettent l'habitant de la campagne dans l'impossibilité de s'occuper au dehors; mais dans le Bas-Languedoc, où les jours de pluie sont rares, où les gelées sont foibles & peu durables, où le soleil luit presque toujours, les jours d'hiver appellent le cultivateur au labour des jachères, à la taille & aux provins des vignes, au recreusement des fossés, à l'élagage des mûriers & oliviers, à fossoyer leurs pieds, au transport des fumiers, & généralement à tous les travaux que la culture comporte. Le labour de l'hiver est le plus propre à ameublir la terre; la gelée la divise, en soulève les parties, & les mottes n'y résistent pas. Le valet de campagne, le paysan qui travaille à journées, gagnent vingt sous dans les jours les plus courts: leur travail est donc bien utile, puisqu'il est payé à si haut prix. On peut se fier au paysan languedocien sur les calculs économiques de ce genre.

La coupe des blés commence en Languedoc au vingt juin, celle des seigles, orges, & avoines a précédé. Dans les premiers jours de juillet les champs sont entièrement dépouillés de leur production. Si le foulage des grains n'occupoit, en juillet & août, les habitans des campagnes, ce seroit pour eux une morte-saison. Le travail de l'aire porte jusques à la vendange, dans les campagnes où le blé est une des principales récoltes ; dans les cantons où elle est moindre, le paysan sollicite des travaux étrangers ; dès que le blé est foulé, il est obligé de travailler aux chemins, & rechercher divers genres d'industrie. Il est donc désigné par la Providence, que le blé doit être battu & mis en état d'être porté au grenier pour être vendu tout aussitôt qu'il a été récolté. Qu'on ne dise pas qu'il seroit avantageux de donner des labours après la coupe des blés ; l'excessive sécheresse qui règne dans un pays qui n'a vu la pluie que dans le printemps, & qui ne peut l'espérer que dans le commencement de septembre, est un obstacle presque invincible au labour. D'ailleurs, le mouton que le cultivateur nourrit, a besoin pour subsister du peu de plantes que l'ombre du blé a préſervées des ardeurs de la ſaiſon.

Il ſeroit certainement à ſouhaiter qu'il fût poſſible de donner, à l'époque qui ſuit la coupe du blé, le premier labour qui doit reverſer la terre, & expoſer à l'air la couche de deſſous qu'on deſtine à former la ſuperficie. Lorſque ce labour eſt poſſible, on peut eſpérer de mettre la terre en état de porter une récolte l'année d'après. La terre ayant été ouverte en juillet, le tranſport des fumiers pourroit ſe faire en août, & le labour qui les mélangeroit devroit concourir avec ce tranſport, pour éviter leur évaporation : un nouveau labour ſe feroit en ſeptembre, & perfectionneroit le mélange ; la ſemence ſe feroit en octobre. Mais la poſſibilité de ces travaux ne pourroit exiſter dans de grands domaines, où les moyens de culture ne ſont jamais ſupérieurs au travail qui ſeroit avantageux.

RÉSUMPTION.

Il faut battre le blé le plutôt poſſible, 1°. à cauſe de la parfaite maturité du blé, qui ne peut qu'en occaſionner la perte.

2°. Par le beſoin & les avantages d'en réaliſer le prix.

3°. Par le défaut d'autres occupations dans la ſaiſon.

4°. Par la certitude d'un temps favorable.

5°. Par l'exemption des bâtimens néceſſaires pour enfermer le volume immenſe des gerbes.

6°. Pour mettre les pailles en état d'être mangées par les beſtiaux.

S'il eſt poſſible de faire le premier labour ſur les champs, au moment où l'on vient de les dépouiller, on pourra eſpérer d'en obtenir une récolte l'année ſuivante, en tranſportant les fumiers environ un mois après ce labour, & ayant ſoin de les recouvrir par le ſecond labour fait dans le mois d'août. On perfectionnera le mélange par un nouveau labour en ſeptembre, & on procédera à la ſemence en octobre ou novembre.

Du Criblage.

L'opération du criblage eſt trop négligée dans le Languedoc. Les blés n'y ſont jamais aſſez nétoyés, & il faut convenir que le foulage auroit dû inſpirer plus de ſoins pour ſéparer des grains les petites pierres & les graines étrangères qui les égalent en volume. L'uſage du ventilateur n'a pu s'y introduire, & il n'eſt pas de pays où il fût plus néceſſaire.

On ſe contente de vanner le blé ſur le tas dans l'aire avec les pelles de bois, & par cette action du vent vague & que rien ne force. Le crible percé gros, rejette tout ce qui excède le volume du blé, & un crible qui laiſſe échapper le petit blé & les graines de ce volume diſcerne le blé à garder. Il reſte donc tout corps étranger qui égale le blé; la pouſſière qui adhère au blé n'eſt pas chaſſée, les graines d'une forme différente de celle du blé, ſeroient ſéparées par le ventilateur, qui, par l'agitation qu'il procure dans l'air, & qu'il force ſur la chûte du blé, le purgeroit & de la pouſſière & de tout corps plus léger que lui.

On ne peut trop recommander le nétoyement du blé; il eſt néceſſaire à ſa conſervation, & peut ſeul lui donner le meilleur prix.

Conservation des Blés.

On n'a rien à ajouter aux moyens aſſignés dans l'ouvrage de M. Parmentier. Lorſque le blé a été nettoyé, il ne peut que perdre à être gardé en tas dans un grenier. Les grands ſacs larges rangés de manière à éviter le contact, & à établir une circulation de l'air, mettent le blé à l'abri des insectes, des ordures des chats, auxquels l'accès des greniers ne doit pas être refusé, & de la poussière qui ne manqueroit pas de se ramasser. Le transport en devient plus facile ; le mesurage se trouve tout fait pour la vente.

Du Moulage des Grains.

Le terme de la culture des grains est de fournir à l'homme & aux animaux la principale nourriture qui leur convient. Il étoit juste que celle de l'homme exigeât de lui une plus grande préparation. Il ne doit manger son pain qu'à la sueur de son front. La brutte trouve dans l'épi, sans autre apprêt, un mets salubre ; l'homme éprouveroit des maladies, s'il ne séparoit du grain l'enveloppe qui couvre la farine, & si cette farine n'éprouvoit la fermentation & la cuisson, qui la rendent un aliment salubre.

L'art de la Meunerie & de la Boulangerie méritent par conséquent toute la perfection à laquelle le savoir de l'homme peut atteindre : sans eux le cultivateur eût travaillé en vain pour l'espèce humaine.

La Meunerie paroît moins perfectionnée que tout autre art de première néceſſité, ſur-tout dans les provinces de France éloignées de la Capitale. Il eſt inutile de ſavoir ſi les anciens peuples s'en étoient plus occupés que nous. Ces recherches ne ſeroient utiles qu'autant que nous pourrions être inſtruits des procédés plus avantageux. Il importe d'accélérer la réformation de ceux que nous mettons en uſage, & de profiter de l'empreſſement des Etats à faire parvenir en Languedoc le réſultat des travaux que le Gouvernement a excités dans la capitale. Le zèle des bons citoyens doit les porter à rendre populaire l'inſtruction que les Etats cherchent à répandre, & à adapter aux méthodes reçues dans la Province les nouvelles vues dont le ſuccès a été conſtaté à Paris.

La nouvelle méthode de moudre le blé a reçu le nom de mouture économique; elle peut être définie : l'art de réduire les grains en farine, avec l'avantage de la quantité & de la qualité. Pour ſentir la différence de la mouture uſitée, & que nous appelons *à la groſſe*, d'avec la mouture économique, il eſt bon de connoître les différentes ſubſtances qu'on diſtingue dans le grain.

Celle qui l'enveloppe eſt le ſon; c'eſt

une écorce qui semble divisée en deux pellicules, dont l'une est plus grossière que l'autre ; elles tiennent l'une & l'autre de la nature du bois. Sous l'écorce se trouve la partie propre à nourrir ; à la superficie est une matière plus atténuée, moins gluante : c'est ce qu'on appelle fleur de farine. La viscosité du grain s'accroît dans ce qui gagne le centre, & qui forme ce que l'on appelle *les gruaux*. Le son n'est pas propre à nourrir par lui-même, & il ne nous paroît profitable aux animaux qui le mangent, qu'à raison de la portion de fleur de farine que notre mouture à la grosse y laisse adhérer.

Plus le grain est visqueux, plus il est nourrissant ; cette viscosité est produite par une matière cornée, de même nature que les parties constitutives des animaux. Le mélange doit donc conserver précieusement ce principe de nourriture, & éviter d'y porter la moindre altération.

La trop grande chaleur attaque toute matière cornée, & y porte, par la destruction même de ses principes, une acreté nuisible & fatale, sans cependant en changer les apparences, ni le coup d'œil extérieur.

Ces notions posées, il est facile de juger

de l'avantage de la mouture économique ſur la mouture à la groſſe.

La mouture à la groſſe opère rapidement, & l'intérêt du meunier ſe trouve à réduire en farine, dans le moins de temps poſſible, la plus grande quantité de blé. Mais la rapidité de l'opération excite néceſſairement une forte chaleur ; car tout mouvement rapide la produit ſenſiblement. Nos moulins rejettent le mélange des diverſes eſpèces de farines & du ſon, en leur imprimant une chaleur qui eſt ſenſible au toucher : ils ſont donc défectueux.

La mouture économique a pour principe de ſéparer par degrés, & en multipliant les opérations, les diverſes portions qui conſtituent le grain. D'abord ſon action ne ſemble ſe porter que ſur le ſon qu'elle enlève par une excoriation du grain, peu préjudiciable aux farines. La fleur de farine qui a commencé à ſe détacher, & qui étoit plus ſuſceptible d'être altérée par une moindre chaleur, eſt recueillie par le blutoir ſéparément des gruaux qui ſont à peine concaſſés, & le ſon eſt mis à part.

Les meules ſe rapprochent un peu pour une ſeconde mouture, qui doit écraſer les gruaux, & le blutoir diſtingue les gruaux réduits en farine de ceux qui n'ont pas encore acquis la dernière préparation. On reporte ces seconds gruaux entre les meules, qu'on rapproche un peu plus, & c'est ainsi qu'on obtint toute la farine que le grain peut donner : la pression des meules ménagée suivant le besoin, la velocité réduite de même, ont très-certainement exclu toute chaleur de ce moulage, & la farine obtenue a conservé dans son intégrité le principe nutritif, aussi délicat qu'il est précieux.

Il est donc évident que la mouture économique l'emporte sur la mouture à la grosse pour la qualité de la farine.

Quant à la quantité, elle est calculée dans l'ouvrage qui a été publié, & l'expérience le vérifiera. Il est évident qu'il adhère moins de fleur de farine au son, & que la graduation de la mouture des gruaux évite une perte notable qu'entraîne le séjour du son dans la farine.

On regarde comme avantageux, pour la conservation des farines, de laisser subsister le mélange du son ; & cette idée, conçue sans assez de réflexion, & même sans preuves, peut s'opposer à l'adoption de la mouture économique. Il est donc intéressant de fixer l'opinion sur l'avantage ou les inconvéniens que le mélange de la farine & du son peuvent occasionner, de ſavoir s'il eſt utile que la farine éprouve une évaporation, ou ſi elle doit être abritée de l'action de l'air.

Le ſon, en demeurant mélangé avec la farine, empêche la cohéſion de ſes parties, & fournit un accès à l'air extérieur. L'expérience faite ſur la farine de minaux qui ſe tranſporte dans les iſles, prouve que cette farine doit ſa conſervation à la ſéparation du ſon. On la taſſe dans des barriques, de manière à n'en former qu'une maſſe, dont la denſité écarte l'action de l'air extérieur. On conçoit aiſément que l'évaporation occaſionnée par le contact & la circulation de l'air, altère la farine, laquelle, comme preſque tous les corps, contient des principes ſpiritueux prêts à s'exhaler.

Il faut convenir que, lorſque la farine eſt échauffée par l'action trop rapide de nos moulins, il ſeroit préjudiciable de la reſſerrer; il en réſulteroit une fermentation capable de détruire tous les principes qui la conſtituent comme nourriture. Il eſt donc naturel d'attribuer au vice des moulins la vraie cauſe de la pratique uſitée, & du préjugé qui regarde comme utile à la conſervation de la farine, de laiſſer ſubſiſter ſon mélange avec le ſon.

Toutes les fois qu'au moyen de la

mouture économique la farine se fera sans chaleur, elle pourra & devra ne pas sortir du moulin, sans avoir été séparée du son. Il en résultera des avantages trop considérables, pour qu'il ne soit pas intéressant & urgent d'adopter cette méthode.

Premier avantage. La conservation. La farine non-échauffée ne peut être mieux abritée de l'air, qu'en étant renfermée & pressée dans des tonneaux ou des sacs.

Second avantage. Le commerce des farines, auquel rien ne s'opposera, donnera à l'habitant de la campagne la facilité de se procurer plus promptement & à moins de frais, sa principale & presqu'unique nourriture. Il ne sera plus exposé aux pertes, aux fripponneries qu'il éprouve aux moulins; il ne sollicitera pas la grâce d'y moudre son blé; il ne perdra pas le temps que lui ou sa femme employent à porter son blé à des distances souvent éloignées; il épargnera la voiture, & pourra toujours proportionner à ses moyens la provision de sa nourriture, qu'il préparera avec moins de soins & de temps, & qu'il sera assuré de se procurer à volonté.

Troisième avantage. Est-il indifférent de fournir une branche nouvelle au commerce, & dans un pays qui n'est pas également fourni de blé, dont les montagnes ſont forcées d'envoyer leurs habitans dans les plaines pour s'y procurer cette denrée, & la voiturer le plus ſouvent par de mauvais chemins ?

Quatrième avantage. La farine étant faite de manière à pouvoir être conſervée longtemps, ſans déchet ni altération, le travail des moulins pourra être toujours pratiqué dans le temps de l'abondance des eaux ; le prix de la mouture pourra être moindre, & le profit du moulin plus conſidérable.

Un ſeul inconvénient peut rendre le commerce des farines dangereux : la détérioration de la farine ne s'annonce pas extérieurement ; elle ſemble même avoir plus de blancheur en perdant cette qualité viſqueuſe qui fait ſon principal mérite. On pourra, dans les marchés, ou mélanger de la mauvaiſe farine avec celle qui ſeroit ſaine, ou même faire acheter à des ignorans de la farine altérée pour de la bonne; & cet inconvénient eſt proportionné aux terribles effets de la mauvaiſe farine, qui procure preſqu'infailliblement des maladies mortelles.

La vigilance de la Police pourroit y porter quelque remède ; mais le plus aſſuré ſe trouvera dans la connoiſſance de l'acheteur. Une opération ſimple, & qui peut être faite promptement, sert à distinguer la bonne & la mauvaise farine. Il suffit de la pétrir dans les mains avec un peu d'eau. Si elle acquiert bientôt de la viscosité, elle est bonne; & pour rendre l'épreuve plus sensible, on peut prendre une demie poignée de farine, & après l'avoir pétrie légérement, il faut tremper ses mains avec cette pâte dans l'eau, en y agitant entre les doigts la pâte; l'eau blanchit, jusques à ce qu'il reste dans la main une masse semblable, pour la couleur & la viscosité, à la colle-forte, à la glu. Plus la farine laisse de cette matière dans les mains, meilleure elle sera. S'il n'en reste que peu, elle est altérée & dangereuse; de manière que le peu ou le moins de résidu visqueux, décidera la qualité de la farine. Ce moyen est indiqué dans un mémoire de M. Sage: il fut le résultat d'un travail ordonné par le Gouvernement, dans des circonstances où l'on eut le plus grand intérêt de fixer les caractères pour discerner la qualité des farines.

On doit observer que le danger de se servir de mauvaises farines, existe peu après plus réellement dans l'état actuel, & la mauvaise construction de nos moulins altère évidemment, en quelque degré, les farines dont nous faisons usage.

FIN.

www.ingramcontent.com/pod-product-compliance
Lightning Source LLC
LaVergne TN
LVHW011954160826
845678LV00002B/533

9782329692913